中国儿童核心素养培养计划

课后半小时 小学生阶段阅读

文化基础 × 自主发展 × 社会参与

认识自己

了解真正的自我

021

课后半小时编辑组 ■ 编著

北京理工大学出版社
BEIJING INSTITUTE OF TECHNOLOGY PRESS

核心素养之旅

Journey of Core Literacy

中国学生发展核心素养，指的是学生应具备的、能够适应终身发展和社会发展的必备品格和关键能力。简单来说，它是可以武装你的铠甲、是可以助力你成长的利器。有了它，再多的坎坷你都可以跨过，然后一路登上最高的山巅。怎么样，你准备好开启你的核心素养之旅了吗？

文化基础

科学基础

- 第 1 天 万能数学 〈数学思维〉
- 第 2 天 地理世界 〈观察能力　地理基础〉
- 第 3 天 物理现象 〈观察能力　物理基础〉
- 第 4 天 神奇生物 〈观察能力　生物基础〉
- 第 5 天 奇妙化学 〈理解能力　想象能力　化学基础〉

科学精神

- 第 6 天 寻找科学 〈观察能力　探究能力〉
- 第 7 天 科学思维 〈逻辑推理〉
- 第 8 天 科学实践 〈探究能力　逻辑推理〉
- 第 9 天 科学成果 〈探究能力　批判思维〉
- 第 10 天 科学态度 〈批判思维〉

人文底蕴

- 第 11 天 美丽中国 〈传承能力〉
- 第 12 天 中国历史 〈人文情怀　传承能力〉
- 第 13 天 中国文化 〈传承能力〉
- 第 14 天 连接世界 〈人文情怀　国际视野〉
- 第 15 天 多彩世界 〈国际视野〉

自主发展

学会学习

- 第 16 天 探秘大脑 〈反思能力〉
- 第 17 天 高效学习 〈自主能力　规划能力〉
- 第 18 天 学会观察 〈观察能力　反思能力〉
- 第 19 天 学会应用 〈自主能力〉
- 第 20 天 机器学习 〈信息意识〉

健康生活

- 第 21 天 认识自己 • 抗挫折能力　自信感
- 第 22 天 社会交往 〈社交能力　情商力〉

社会参与

责任担当

- 第 23 天 国防科技 〈民族自信〉
- 第 24 天 中国力量 〈民族自信〉
- 第 25 天 保护地球 〈责任感　反思能力　国际视野〉

实践创新

- 第 26 天 生命密码 〈创新实践〉
- 第 27 天 生物技术 〈创新实践〉
- 第 28 天 世纪能源 〈创新实践〉
- 第 29 天 空天梦想 〈创新实践〉
- 第 30 天 工程思维 〈创新实践〉

总结复习

- 第 31 天 概念之书

中国儿童核心素养培养计划

课后半小时 小学生阶段阅读

文化基础 × 自主发展 × 社会参与

021

FINDING 发现生活

卷首

EXPLORATION 上下求索

COLUMN 青出于蓝

THINKING 行成于思

卷首

一场特别的旅行

每天早上，当你对着镜子刷牙洗脸的时候，你有没有认真仔细地观察过自己呢？你的眼睛是单眼皮还是双眼皮？你的嘴巴是大还是小？你又有没有好奇过，为什么每个人长得都不一样？是什么决定了我们的样子呢？

如果你偶尔会冒出这些疑问的话，那么欢迎你翻开下一页，开启一场“认识自己”之旅。在这里，你能一步一步地了解自己，发现自己，接纳自己，完善自己……

最开始的你，还是一个小小的细胞，在妈妈的肚子里逐渐长大，直到成为一个新的生命诞生在这个世界；小时候的你，不会走路，只能用眼睛四处张望，好奇地探索着世界；渐渐地，你会走路了，可能会更喜欢四处走动，这里摸摸，那里摸摸，用手感受这个世界；等到你再大一点，认识了新朋友，能够了解更多的事情，有了各种各样的情绪，压力、快乐、愤怒、恐惧……

那你有没有想过，要如何应对这些会给我们带来影响的情绪呢？当你面临一场考试，感到压力很大时，该怎么

缓解？当你失去自己心爱的玩具，感到难过时，该怎么调整？当你一个人在家，突然停电，感到害怕时，该怎么办呢？

要是你还懵懵懂懂，无法回答这些问题的话，就在这本书里找一找答案吧。在成长的路上，我们会经历越来越丰富的事情，感受到越来越复杂的情绪……这些都没关系，试着读下去，你会更加全面地认识自己，还会获得一些小方法，一步步成为更好的自己。

所以，不要犹豫，开始你的旅行吧！

杨焕明

中国科学院院士，基因组学家

认识你自己

撰文：豆豆菲

在古希腊的德尔菲神庙里，刻着一句非常有名的话：认识你自己。是不是觉得很奇怪，谁会不认识自己呢？嘿嘿，这可不一定哦！

团团的成长相册

十个月大的团团，小手和小脚都胖嘟嘟的，不会走路，也不会说话，只能通过动作、简单的发音和哭笑等表情来表达需求。你看，照片里哇哇大哭的团团正在说：“我饿了，我饿了……”

团团长大了一些，开始学习走路了，这可不是一件简单的事。为了学习走路，团团摔了很多跟头，但是他一点儿也没退缩，还在不断练习……

团团六岁了，要开始上学，进入新的世界，认识新朋友了。看他身轻如燕地向前飞奔，当时一定是发生了什么开心的事情。

秘密日记

偷偷跟你说，上面所有的这些其实我自己都不知道，而是妈妈告诉我的。我们总以为自己足够了解自己，但是看看自己以前的照片，就会发现我们一直在成长和改变，对自己的认识还远远不够！

“压力”悄悄来了

撰文：的的

团团很喜欢学校，因为在这里可以交到很多好朋友，还能学到有趣的知识。不过，有一件事让他很头疼，那就是考试。每次考试前后，他都会变得比平时更焦躁、易怒，还会出现注意力不集中、记忆力下降的状况。你有没有遇到过这种情况呢？一到考试，就觉得“压力山大”？

马上就考试了，还有好多内容没复习……

主编有话说

其实，这都是“压力”惹的祸。不只是考试，很多情况都会让人感到有压力，比如和好朋友吵架后不知道怎么和好、上课听不懂等等。当产生的压力适度时，能够刺激大脑，让我们变得思维敏捷、精神振作；但要是压力过大，就会像团团一样出现问题。所以你看，情绪对我们的影响这么大，我们必须正确认识自己的情绪，才能更加健康快乐地长大。

压力源

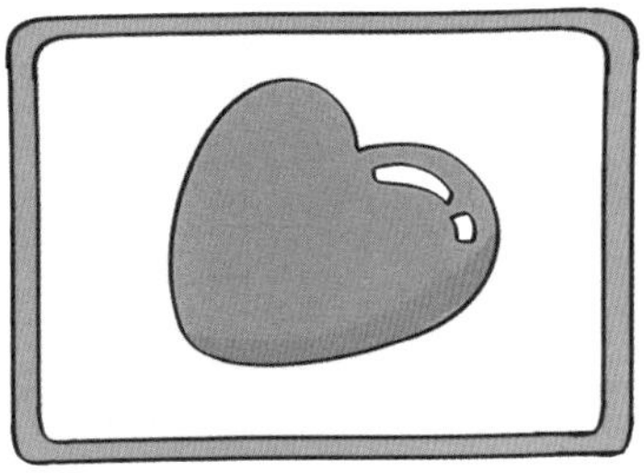

躯体性压力源

噪声、生病等让人感到身体不适而产生的压力，属于躯体性压力源。

心理性压力源

害怕考试考不好，在比赛中害怕输掉比赛等产生的压力，来自我们心中的想法，属于心理性压力源。

社会性压力源

担心说错话会让别人不喜欢自己，学习成绩不理想会让爸爸妈妈失望等，这些都是来自社会生活的压力，属于社会性压力源。

大自然中的万千生物都会长大。
长大并不是因为体内的细胞长大了，主要是因为它们变多了！

细胞的“分身”与“变身”

小时候的你小小的，可以被妈妈抱在怀里，可现在，你已经长大了，变成了一个小大人。那你想过吗，你是怎么一点点长大的呢？

撰文：硫克
美术：王婉静、张秀雯等

你从刚出生到成年，体内的细胞数量会增加几十倍。

你大概想问，细胞是怎样变多的呢?
那就不得不提我们细胞的超能力了，那就是——细胞分裂!
分裂中……
简单来说，细胞分裂就是1个细胞一分为二，变成2个!

要想搭建一座漂亮的房子，需要用到不同种类的积木。
要想“搭建”一个精致的生命，就需要用到不同种类的细胞。
并不是所有细胞都会分裂成两个一模一样的细胞。
有些细胞会分裂出形状、结构和功能完全不同的两个细胞，这叫作细胞分化。
比如，你体内有一种细胞，它们的主要任务就是分化出各种功能的细胞，它们就是多能干细胞。
多能干细胞
红细胞
巨噬细胞
瞧，它们都是我的后代！

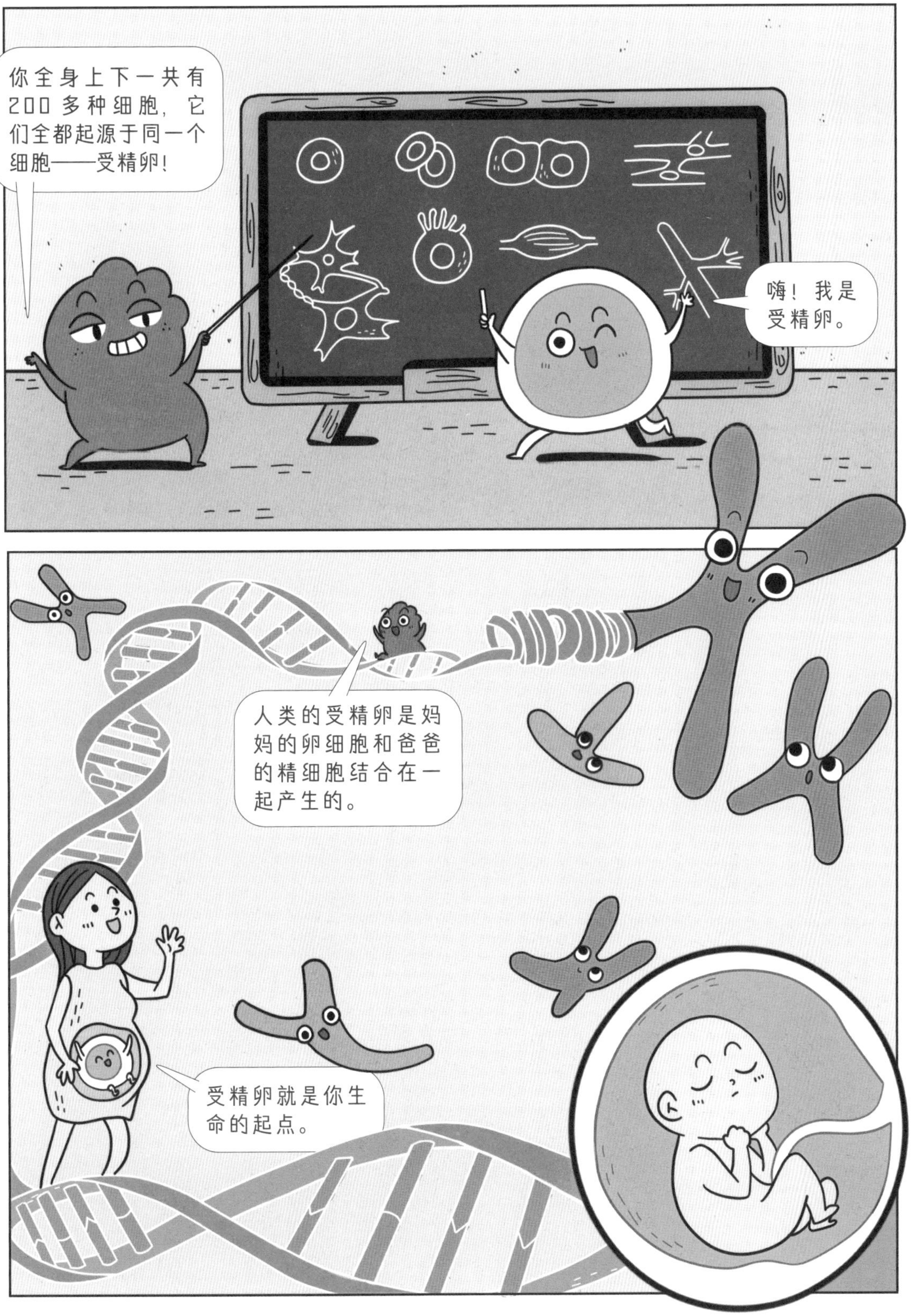
你全身上下一共有200多种细胞，它们全都起源于同一个细胞——受精卵！
嗨！我是受精卵。
人类的受精卵是妈妈的卵细胞和爸爸的精细胞结合在一起产生的。
受精卵就是你生命的起点。

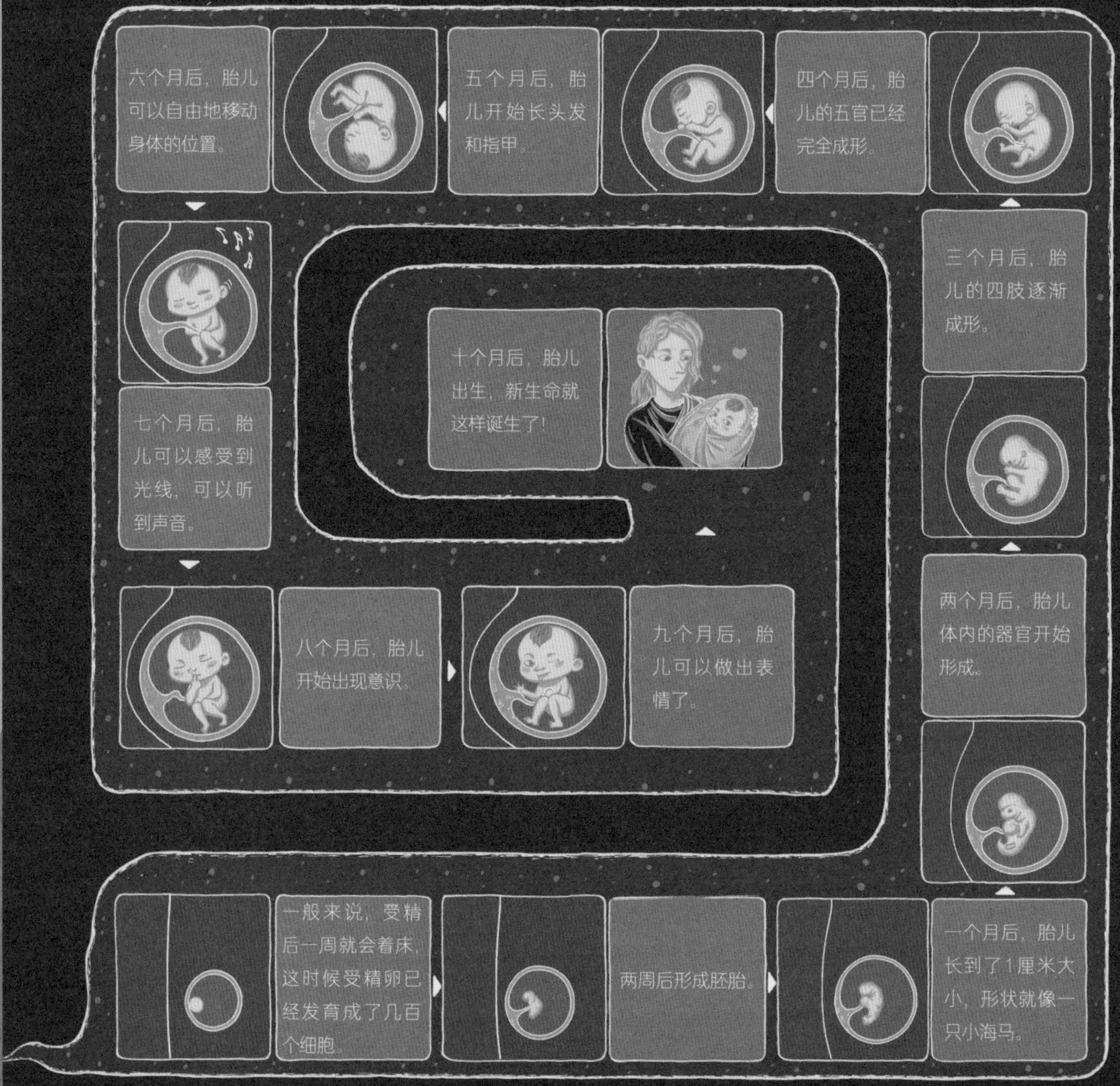
一般来说，受精后一周就会着床，这时候受精卵已经发育成了几百个细胞。
两周后形成胚胎。
一个月后，胎儿长到了1厘米大小，形状就像一只小海马。
两个月后，胎儿体内的器官开始形成。
三个月后，胎儿的四肢逐渐成形。
四个月后，胎儿的五官已经完全成形。
五个月后，胎儿开始长头发和指甲。
六个月后，胎儿可以自由地移动身体的位置。
七个月后，胎儿可以感受到光线，可以听到声音。
八个月后，胎儿开始出现意识。
九个月后，胎儿可以做出表情了。
十个月后，胎儿出生，新生命就这样诞生了！

受精卵的成长之旅

撰文：硫克

主编有话说

受精卵一开始会在妈妈的身体里旅行，居无定所，靠自己身体里的卵黄获取营养。直到在妈妈的子宫里找到舒适的位置，它便定居下来，这就叫“着床”。

我的样子谁做主？

撰文：的的

孩子像我！
明明更像我好不好！

生命从受精卵发育而来，并且在一开始就决定好了性状。也就是说，在我们还是一个小小的受精卵时，未来会长成什么样子就已经确定好了，因为这些信息都遗传自我们的父母。

父母的遗传信息决定了我们的性状。遗传信息存在于 DNA（脱氧核糖核酸）中，DNA 存在于染色体中，染色体存在于细胞核中。带有遗传信息的 DNA 就是基因，我们可以简单地理解为，基因就是遗传信息。

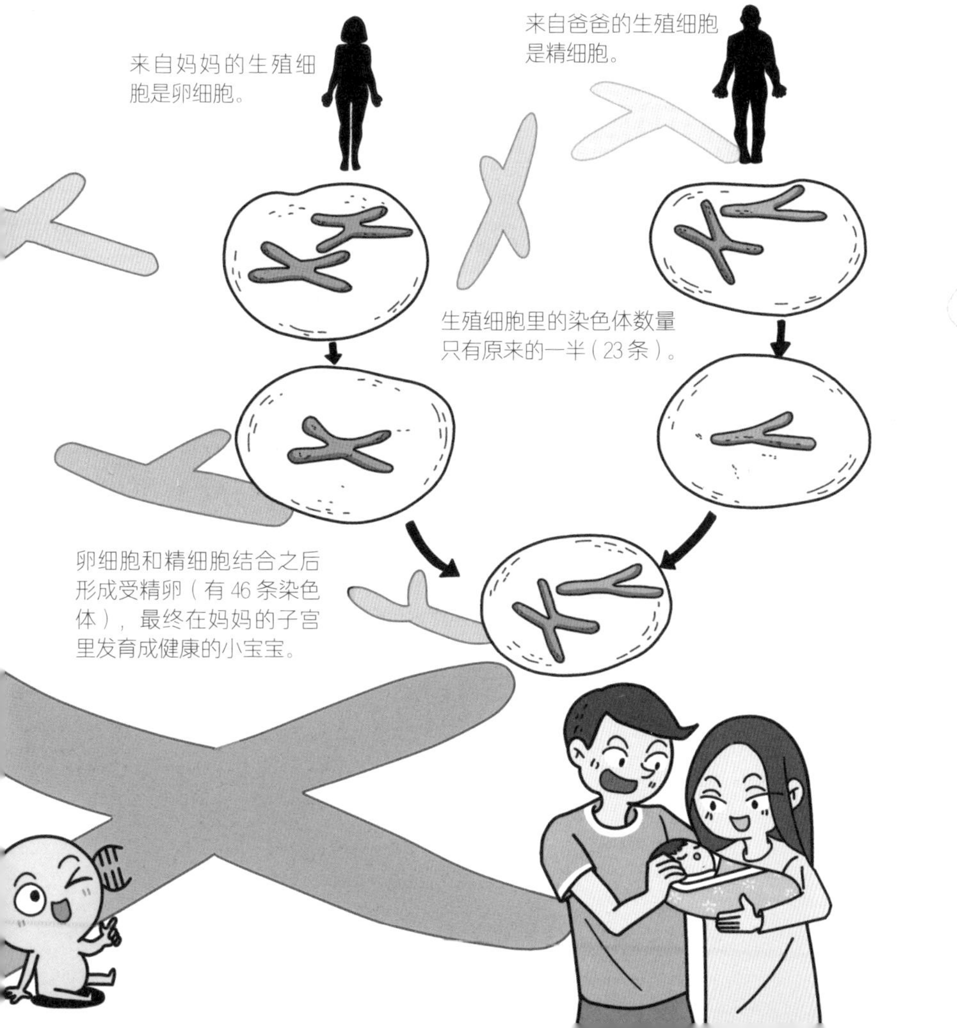

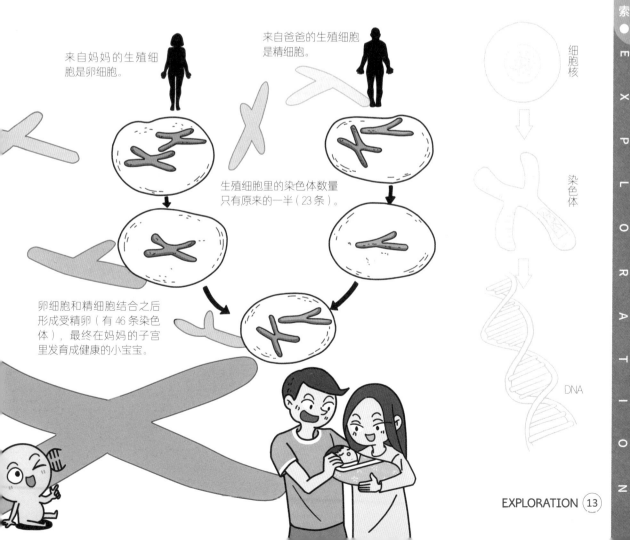

来自妈妈的生殖细胞是卵细胞。
来自爸爸的生殖细胞是精细胞。
生殖细胞里的染色体数量只有原来的一半（23 条）。
卵细胞和精细胞结合之后形成受精卵（有 46 条染色体），最终在妈妈的子宫里发育成健康的小宝宝。

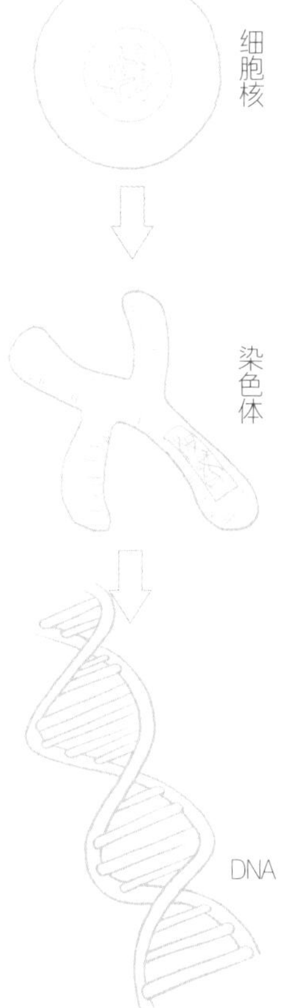

细胞核
染色体
DNA

双胞胎也有很多种

撰文：硫克
美术：王婉静、张秀雯等

快来跟我结合吧！
我也是卵细胞哦！
在少数情况下，妈妈会产生两个卵细胞，它们分别与精细胞结合，形成两个受精卵。
PART1
我们是双胞胎！
不用说我也知道……
两个胚胎都会发育成长，成为双胞胎。因为是由同一个受精卵发育来的，体内的基因相同，所以这对双胞胎性别相同，长相也几乎一模一样，这种双胞胎叫同卵双胞胎。
PART4
咔！

这对双胞胎是由两个不同的卵细胞分别和两个不同的精细胞结合发育而成的。
由于两个受精卵的基因不同，所以这对双胞胎可能长得也不一样，甚至连性别也可能不一样，这种双胞胎叫异卵双胞胎。
PART2
哇，竟然还有一个，你好呀！
竞争者走了，好棒！
我们是双胞胎！
可你们一点都不像啊……
我裂开了！
还有一种情况是只有一个卵细胞和一个精细胞结合，形成一个受精卵，但这个受精卵却分裂成了两个胚胎。
PART3

显性基因和Aa隐性基因

撰文：的的

实际上，基因经常是成对存在的，因此我们在表示基因时总是用两个字母，大写字母代表显性基因，小写字母代表隐性基因，比如 Aa。其中，显性基因的力量比较强，能单独决定我们所表现出来的样子；隐性基因的力量比较弱，不能单独决定我们表现出来的样子。

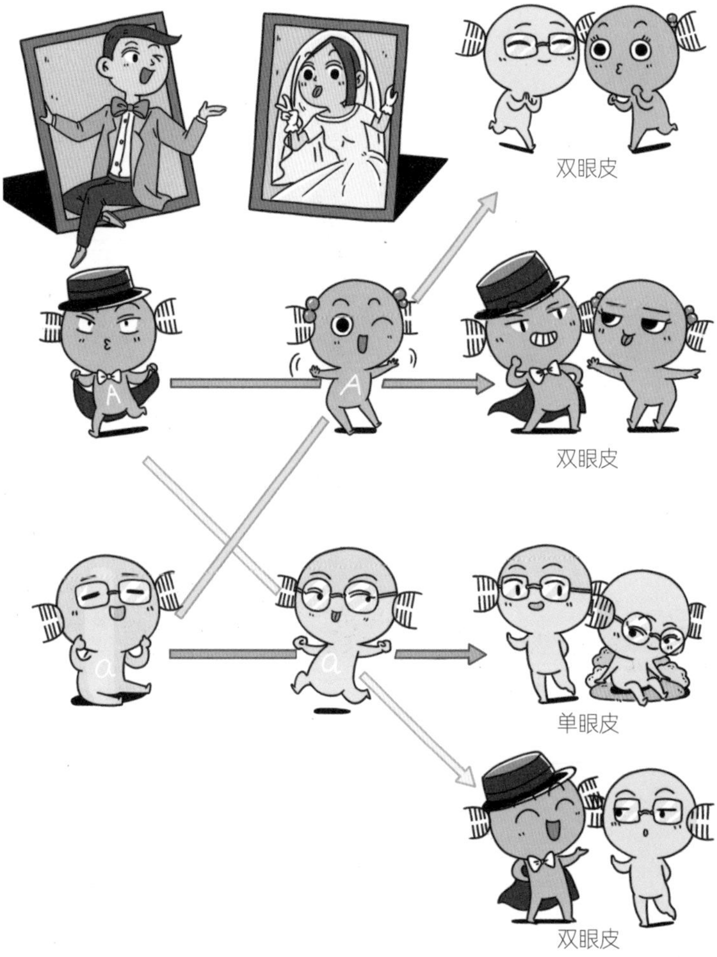
A
a
双眼皮
双眼皮
单眼皮
双眼皮

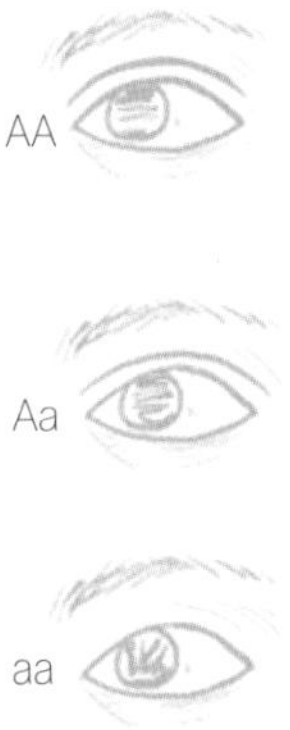
AA
Aa
aa

▶延伸知识

我们的身体（包括我们的样子），取决于爸爸妈妈所携带的基因和基因自由组合的运气。假设爸爸妈妈都是双眼皮，基因都是 Aa，那么他们生出的小宝宝就会有上面这些可能。

生活中常见的双眼皮的基因就是显性基因，我们用 A 表示，单眼皮是隐性基因，我们用 a 表示。如果一个人的基因中带有显性基因（A），是 AA 或者 Aa，他将会是双眼皮；而如果是 aa，他将会是单眼皮。

①
②

基因不能决定一切

撰文：陶然

通常来说，基因决定生物所表现出来的性状。那么只要基因相同，生物所表现出来的特征就会完全相同吗？No！就算是同样的基因，也能发展出不一样的特征。

有一种叫作“水毛茛”的植物，它体内叶子的基因是一模一样的，但一株水毛茛却会同时长出两种叶子，是不是很神奇呢？

其实，这是因为水毛茛的一部分叶子生活在水中，而另一部分叶子生活在水面上，它们虽然基因一样，但是生活环境却截然不同。所以说，生物所表现出来的特征并不完全由基因决定，还和生活环境息息相关。

主编有话说

1926年，美国科学家摩尔根发现了基因和染色体的关系，创立了基因学说，这一发现主要来源于长期的果蝇杂交实验。此外，他还凭借发现了染色体在遗传中的作用而获得了诺贝尔奖。

托马斯·亨特·摩尔根

性　　别：男
生 卒 年：1866—1945
国　　籍：美国

早上好，咱们一起走吧！
团团，你的衣服，哈哈……是出门太着急忘记换了吗？

真实、自信的我最可爱

撰文：豆豆菲
美术：Studio Yufo

此刻，团团的脑内世界里……
形象管理师，听说团团的形象出问题了？
自我总监好！

我觉得还好啊，团团以前也会这么穿。
团团小时候还穿开裆裤呢，怎么现在不穿了？团团已经长大了，需要更加注意自己的形象！

衣服
鞋子
发型
美颜
大家都来提提建议。
衣服
鞋子
发型
美颜
我觉得运动装好看，看起来有活力。
衣服
鞋子
发型
美颜
还是衬衫搭配休闲裤好看，显得成熟！
衣服
鞋子
发型
美颜
不过这样的话，团团的发型也需要调整，我看看……

这个发型不错，看着稳重大方。

不过团团有些胖，影响了效果，要是团团能瘦一些就好了。

美白

瘦脸

整体美化

快看看团团变成什么样子了？

这是谁啊？！
一不小心，大家都陷入了轻微的“容貌焦虑”。
我不认识这个人，这已经不是团团了！
当团团对自己的形象不自信，过分在乎自己外在的缺点时，就会产生“容貌焦虑”。这时，团团眼中的自己是难看的。与此同时，他还非常在意别人看自己的眼光。

容貌焦虑让团团变得自我怀疑，心情低落，产生了很多没必要的烦恼。
没想到会这样，我们刚刚是有些反应过度了。
可是美与丑的标准是什么呢？
如果一个人因为自己长相的原因而自我嫌弃，那是因为他接受了别人关于美与丑的判断标准，并且觉得自己位于不美的一边。
美丑演变
这正是问题所在！美与丑其实是主观的，没有什么固定的标准。在我国，唐朝时人们以胖为美。在欧洲，中世纪的人们以圆润光亮的额头为美。
美丑演变

关于形象，据我多年观察，还有一个秘密就是人们总是过分高估自己在别人眼中的重要程度。因为别人随口的一句话而烦恼半天，真是没必要呢！
没错！如果太胖或太瘦影响到了身体健康，或者穿的衣服不整洁，是需要注意一下，至于别的，就不用啦！
所以，团团其实没必要不开心啊！真实、自信的团团才是最可爱的！
刚刚跟你开玩笑呢，你别当真！

个性组成一个五边形

撰文：豆豆菲

尽责性代表的是人们做事的态度。尽责性高的人责任心强，做事认真负责。
外倾性低的人性格内向被动，喜欢独处。
外倾性是指一个人的一般行为倾向。外倾性高的人性格外向主动，喜欢热闹和分享。
宜人性低的人则对他人有更多的怀疑。
宜人性代表的是人们对待他人的态度。宜人性高的人善解人意，对他人很友好。

你发现了吗？在课堂上，老师请人上台展示时，有的人会举手非常积极，而有的人则不会举手。这是因为每个人的性格都会有自己的特点和偏向，所以会产生不同的反应。

稳定性代表的是人们的情绪状态。稳定性高的人情绪比较平稳放松。
尽责性低的人责任心弱，做事马虎，喜欢应付。
开放性低的人更加务实，比较传统和保守。
稳定性低的人则容易感到担忧、紧张和不安。
开放性代表的是一个人对外界事物的认知风格。开放性高的人对外界事物充满好奇心，喜欢探索。

发现你的个性

撰文：的的

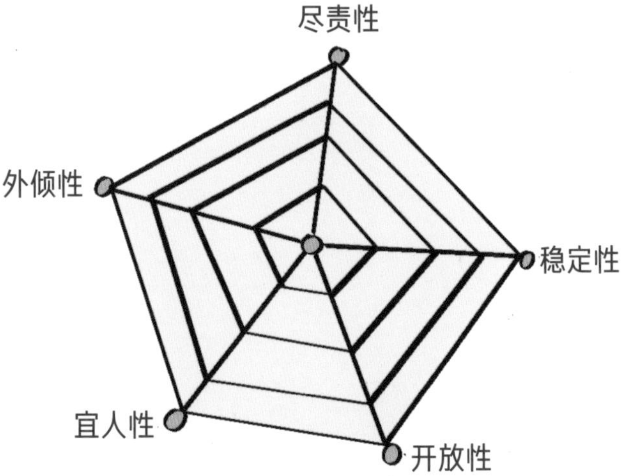

尽责性
外倾性
稳定性
宜人性
开放性

据不完全统计，词典里描述性格特点的词汇有上万个，但是心理学家们通过反复的研究发现，我们可以对这些词汇进行筛选和归纳，这就有了“大五人格”。“集齐”这五种特性，可以描述出一个人的基本个性特征。虽然不是面面俱到，但也比较全面了。

外向
乐观
成熟
稳重
幼稚
正直
执拗
体贴
慢条斯理
莽撞
被动
你有没有听说过，词典里描述性格特点的词汇有上万个呢！
温柔
平和
多愁善感
倔强
迟钝
开朗
活泼
脾气暴躁
心地善良
思想开放
冲动
冷漠
认真细心
诚实坦诚
瞻前顾后
老实巴交
豪放不羁
犹豫不决
什么？！
热情
健谈
内敛
洒脱
深沉
豁达

上下求索 EXPLORATION

就像做饭时加入不同量的调料会做出不同口味的饭菜，五种特性的不同倾向就形成了每个人独特的个性。想一想，你是什么样的呢？

1. 跟别人交谈时，你总是能很快地回答别人的问题吗？ 是的 不是
2. 相比于一个人待着，你更喜欢跟大家在一起吗？ 是的 不是
3. 你喜欢在充满神秘感的洞穴里探险吗？ 是的 不是
4. 你有许多朋友吗？ 是的 不是
5. 交新朋友时，通常是你采取主动吗？ 是的 不是
6. 你经常给朋友讲笑话或者好玩的故事吗？ 是的 不是
7. 你的课余爱好和娱乐活动很丰富吗？ 是的 不是
8. 你认为自己是一个无忧无虑的人吗？ 是的 不是
9. 你很喜欢外出玩耍吗？ 是的 不是
10. 你喜欢乘坐开得很快的摩托车吗？ 是的 不是
11. 你爱生气吗？ 是的 不是
12. 有许多事情让你烦恼吗？ 是的 不是
13. 你会无缘无故地觉得特别高兴或者特别悲伤吗？ 是的 不是
14. 你总是担心会发生一些可怕的事情吗？ 是的 不是
15. 如果你觉得自己做了一件蠢事，会后悔很久吗？ 是的 不是
16. 你因为苦恼一些事情而失眠过吗？ 是的 不是
17. 你有时会不安，以至于不能静静地在椅子上坐一会儿吗？ 是的 不是
18. 当别人发现你的错误或者缺点时，你容易伤心吗？ 是的 不是
19. 你会做许多噩梦吗？ 是的 不是
20. 你很容易感到厌烦吗？ 是的 不是

答案解析

悄悄告诉你，问题 1~10 与“外倾性”有关。如果你选择“是的”更多，说明你的性格可能是偏外向的；如果选择“不是”更多，说明你的性格可能是偏内向的。

问题 11~20 与“稳定性”有关。如果你选择“是的”更多，说明你的情绪可能不太稳定；如果选择“不是”更多，说明你的情绪可能比较稳定。

主编有话说

这种通过回答问题来了解人的个性特点的方式叫作人格测验。人格测验在生活中很常用，它可以帮助人们选择适合自己的专业和职业。

没什么是绝对的

撰文：的的

在生活中，事情总会受到很多因素的影响，其中有些因素是我们可以控制的，而有些则是我们不能控制的。比如我们可以控制自己几点起床，但不能控制起床时一定是晴天；我们可以控制自己按时给种子浇水，但不能控制种子一定会发芽；我们可以控制自己笑着跟别人说话，但不能控制别人一定会笑着回应我们……

迷宫游戏

试着画出小球通往出口的所有路线吧。

（友情提示：左边的迷宫只有一个出口、一条路线；右边的迷宫就像我们的生活，有着多个出口，不止一条路线哦！）

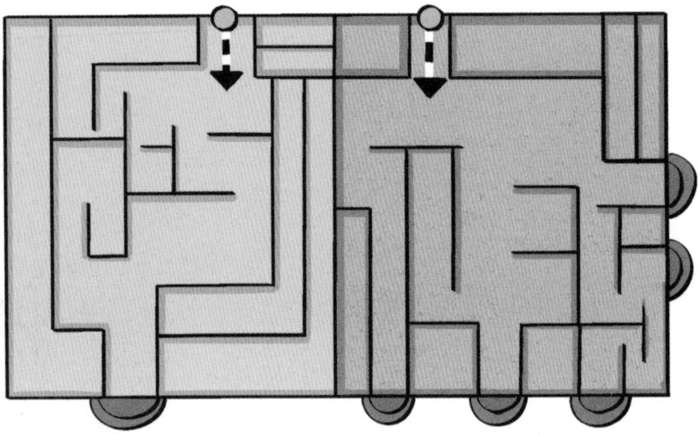

答案见第 42 页

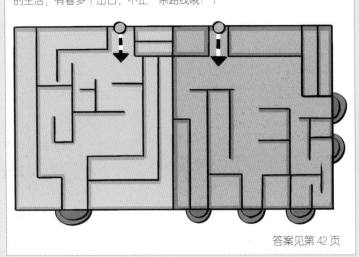

当事与愿违时，我们难免会感到失落，甚至气愤；但这些生活中的不确定因素，在带给我们麻烦的同时，也带来了更丰富的可能性。所以，一旦我们意识到自己被这些因素影响时，就要及时调节自己的情绪。

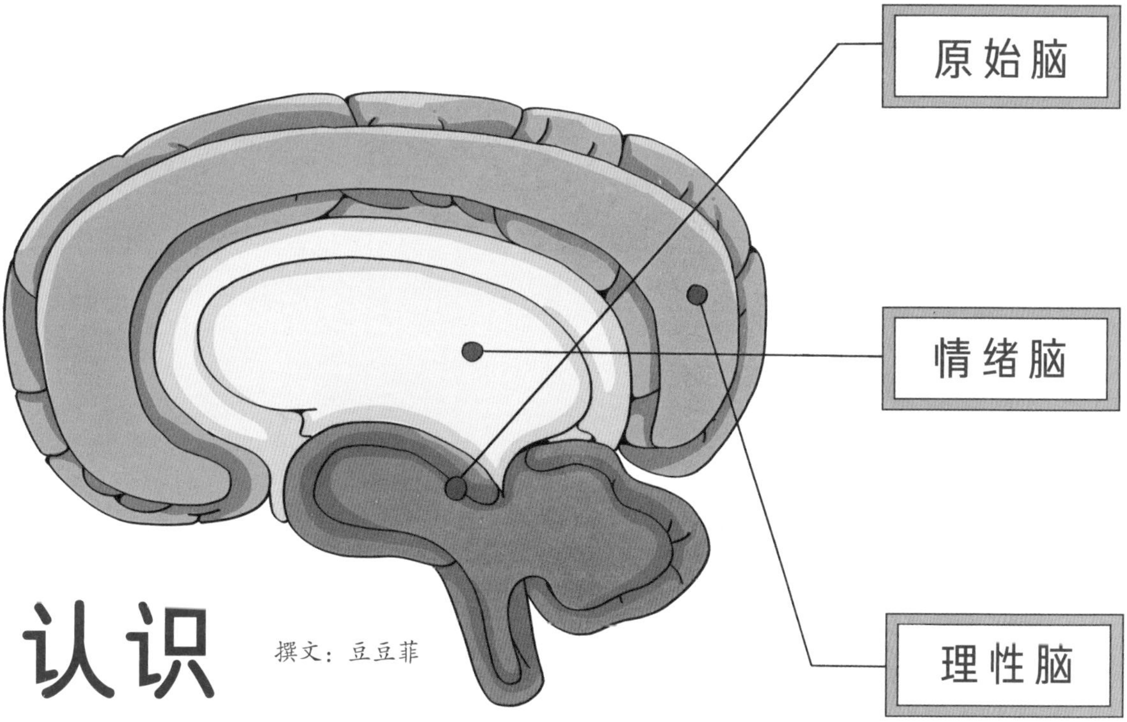
原始脑
情绪脑
理性脑

认识我们的大脑

撰文：豆豆菲

早在远古时期，情绪就被“装载”进了人类的大脑里，是陪伴人类生存和发展的亲密伙伴，历史非常久远。实际上，人类有三种不同的大脑，每种大脑分别是在进化过程中的不同阶段发展出来的，并且依次层叠排布。

“情绪脑”位于人类大脑的中间层，也叫“哺乳动物脑”，里面有边缘系统等结构，跟强烈的情绪反应密切相关。最底层的是“爬虫脑”，又称“原始脑”，是最早进化出来的大脑组成部分，负责控制呼吸等本能的行为。在顶部和最外面的是“新皮层”，它是最新的大脑，也称“理性脑”，支撑着语言、思维、理解和自我控制等高级功能。

主编有话说

大脑的结构分布，使突发事件的信息传到情绪脑的速度比传到大脑皮层的速度更快，所以情绪脑得到信息后，便会迅速指挥身体做出相应的反应，我们称之为情绪的“直接反应模式”。

情绪摄像头

撰文：豆豆菲
美术：Studio Yufo

哈喽，大家好啊！我是主持人元元，也是神经元的一分子。今天第一位接受我们采访的是恐惧指挥官，我们请他先做个自我介绍吧！
我叫恐惧，是情绪的一种。大家常说的“害怕”是我的另一个名字。当人们面临危险情境，想要摆脱又无能为力的时候，我就会占据大脑，开始指挥。
当我上场指挥时，会给人们的身心健康带来不好的影响。比如人们可能会产生心跳加速、血压升高、脸色苍白、四肢无力等情况，甚至可能出现失去知觉、失去记忆、无法思考的问题。不过……

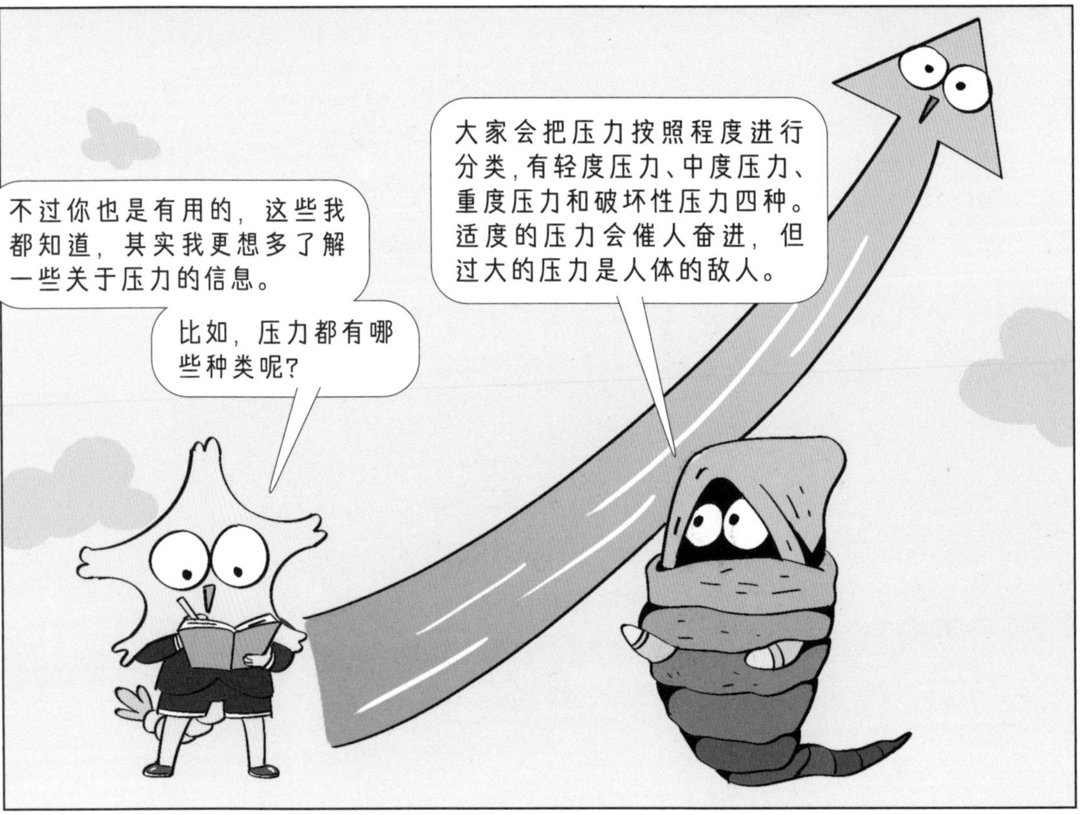
不过你也是有用的，这些我都知道，其实我更想多了解一些关于压力的信息。
比如，压力都有哪些种类呢？
大家会把压力按照程度进行分类，有轻度压力、中度压力、重度压力和破坏性压力四种。适度的压力会催人奋进，但过大的压力是人体的敌人。

当感觉压力大时要怎样进行调节呢?
有很多可行的办法。因为学业或考试而压力过大时，要学会放松。在学习之余多运动，劳逸结合才能让大脑得到充分的休息。切记不要熬到深夜突击复习，保持充足的睡眠才能让注意力更加集中，让记忆力更加牢固。压力大时也少不了他人的陪伴。把烦心事跟家人和朋友们说一说，他们会给你温暖的拥抱和可靠的建议。

事情都会过去的，等过去后再回顾，当时的压力其实也没那么大嘛!

愤怒是个爱惹麻烦的家伙，会使人暴跳如雷，进而阻碍与他人的情感交流；还会让人食欲不振，不想好好吃饭。除此之外，还可能引起高血压、溃疡、失眠等疾病。所以，千万别随便让愤怒指挥官掌管控制台哦！
唉，你一定觉得我是个只能带来危害的坏家伙，但其实我的作用是很大的！在遇到困难时，我可以激发出力量来让人们直面困难，迎接挑战。
只不过当情绪强烈时要小心应对，才能发挥我的“优势”。
那如何应对愤怒才是正确的呢？

可以独自待一会儿，多做几次深呼吸，这能让心情平静一些。
准备一个“心情记事本”也是个好主意，在纸上写下自己的感受也能让人放松下来。
另外，比起哭闹和喊叫，讲清楚自己不开心的原因，更能得到爸爸妈妈、老师及朋友的帮助。
心情记事本
同时，“注意力转移大法”也值得学习。如果越想越气，干脆就不要去想，找朋友一起玩游戏、看喜欢的漫画书等，都能让自己不再气愤。
那么这些方法也适用于其他指挥官吗？
其他指挥官的故事，就由它们亲自讲给你听吧！

首先，恭喜悲伤被大家选为最冷静睿智的情绪指挥官！
奖状
感谢大家对我的认可，我会再接再厉的！

那么悲伤指挥官有什么秘诀想要分享给大家吗？
要想把工作处理好，积累经验少不了。我就是在不断处理悲伤事件的过程中变得越来越稳重的。从远古时期人们经历的自然灾害、房屋倒塌，到现在团团面临的考试失败、朋友分别……我都冲在前线，积极调控。

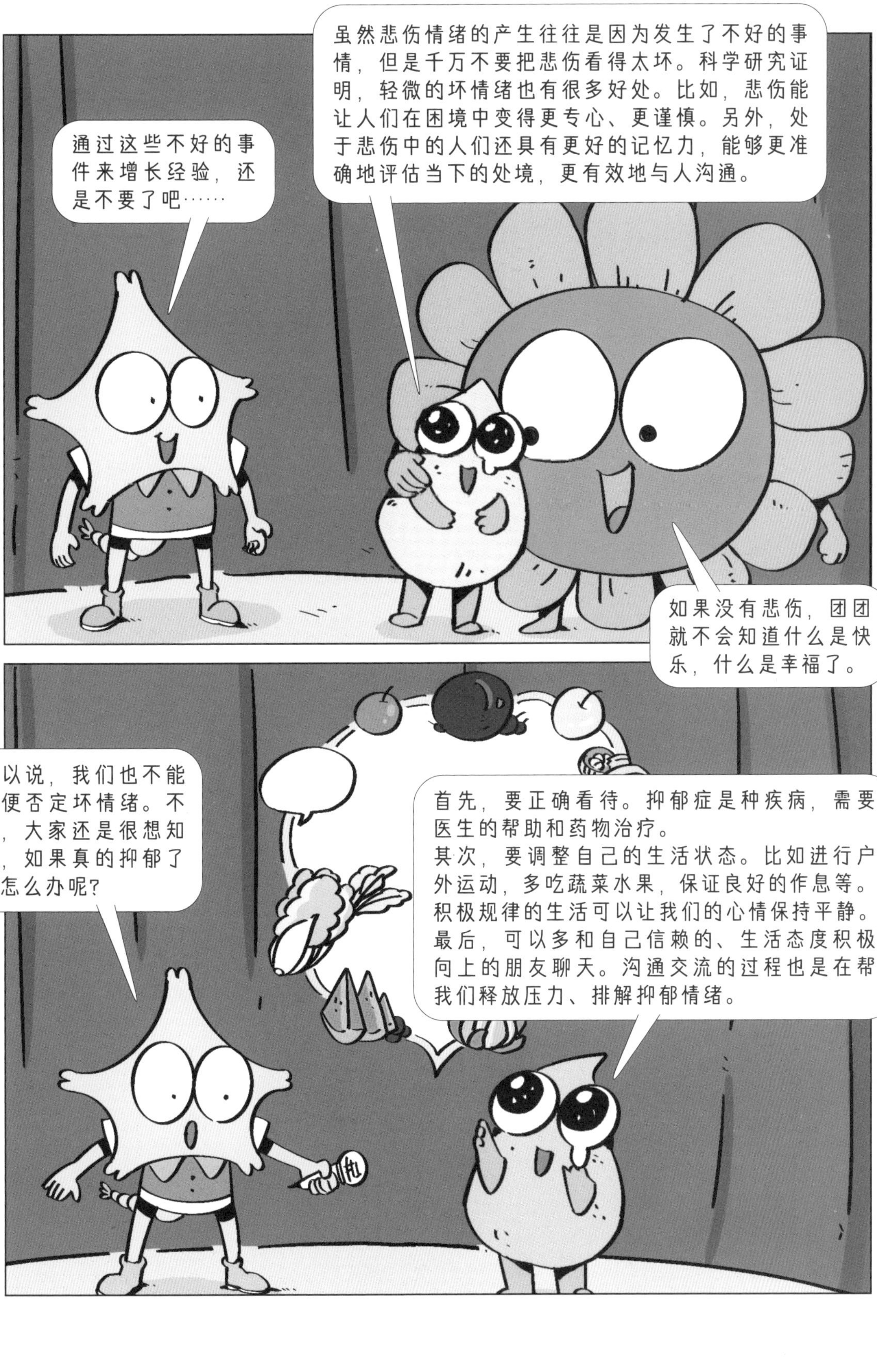
通过这些不好的事件来增长经验，还是不要了吧……
虽然悲伤情绪的产生往往是因为发生了不好的事情，但是千万不要把悲伤看得太坏。科学研究证明，轻微的坏情绪也有很多好处。比如，悲伤能让人们在困境中变得更专心、更谨慎。另外，处于悲伤中的人们还具有更好的记忆力，能够更准确地评估当下的处境，更有效地与人沟通。
如果没有悲伤，团团就不会知道什么是快乐，什么是幸福了。
所以说，我们也不能随便否定坏情绪。不过，大家还是很想知道，如果真的抑郁了要怎么办呢？
首先，要正确看待。抑郁症是种疾病，需要医生的帮助和药物治疗。
其次，要调整自己的生活状态。比如进行户外运动，多吃蔬菜水果，保证良好的作息等。积极规律的生活可以让我们的心情保持平静。
最后，可以多和自己信赖的、生活态度积极向上的朋友聊天。沟通交流的过程也是在帮我们释放压力、排解抑郁情绪。

去运动，变快乐！

撰文：的的

你发现了吗？当我们不开心的时候，出去跑跑步，心情就会舒畅许多，是不是很神奇呢？其实，这要归功于我们的身体中分泌的多种激素。

运动时，我们血液内多种激素的浓度都会升高，有一些激素会提高中枢神经系统的兴奋性，让我们产生愉悦感，其中最重要的就是内啡肽、多巴胺和血清素。因此，也有人将这几种激素叫作“快乐激素”。

内啡肽 剧烈运动时，下丘脑、脑垂体等分泌的内啡肽在血液中的浓度明显升高，它具有极强的镇痛作用，并能给人体带来愉悦感，让人越运动，越快乐！

多巴胺 多巴胺也是大脑分泌的一种激素，可以传递兴奋和开心的信息。长期的运动可以增加大脑内多巴胺的产量和储存量，让人产生强烈的幸福感和成就感。

血清素 运动还会增加大脑中的另一种物质——血清素的分泌。血清素通常被称为“大脑警察”，它除了有助于我们放松心情，让人感觉更快乐以外，还能帮助我们抑制冲动、愤怒等不良情绪哦！

COLUMN

青出于蓝

为什么越长大反而越胆小呢？

答 最近，团团在思考一个问题：明明小时候的自己那么勇敢，什么也不怕，就算学走路时一次又一次摔倒，也总是会自己站起来，继续往前走；现在自己有了更多的知识，更多的经验，更多的力量，却总害怕失败，这也不敢，那也不敢……

这究竟是为什么呢？

为了解惑，团团去询问了一位神经科医生。其实，这是因为现在的团团心中有了两个自己：一个是“真实自我”，也就是自己实际的样子；另一个是“理想自我”，是由于外界环境和团团个人不断给自己设定目标和要求而产生的。当真实自我无法达到理想自我的目标时，团团便容易陷入自我怀疑甚至是自我嫌弃中，以至于变得胆小，不敢尝试。

理想自我
真实自我

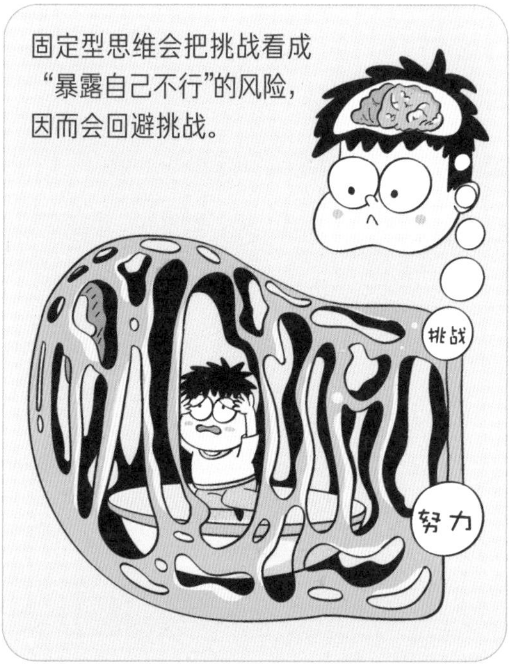
固定型思维会把挑战看成
“暴露自己不行”的风险，
因而会回避挑战。
挑战
努力

固定型思维会把失败和他人的批评看成对自己的否定，因而失去努力的动力。

成长型思维则会把挑战看成“积
累经验和提升能力的机会”，
因而会积极迎接挑战。
挑战
努力

成长型思维则会把失败和他人的批评看成推动自己进步和改变的力量，因而更加充满斗志。

弥补不足还是强化优势？

陈宏程

教育部课程教材研究所和人民教育出版社新课程标准教材培训团专家，中学生物高级教师。担任《青少年科技博览》杂志特约编辑、中央电视台科教频道神奇之窗栏目顾问，获全国优秀科技教师、北京市十佳科技教师等荣誉。

答 你想过一个问题吗？随着时间的流逝，每个人都在不断成长，探索新的领域，但我们的精力又是有限的。那么面对多样的选择，我们是应该弥补不足，还是应该强化优势呢？

回答这个问题之前，需要先做一个小实验。你看，这个水桶是由一条条木板组成的，这些木板就像是我们的各种能力。木板越长，说明这种能力越强；木板越短，说明这种能力越弱。如果我们往木桶里倒水，木桶的盛水量就像一个人所取得的成就的大小。那么请你想一想，决定这个木桶盛水量的是什么？

哈哈！如果我们把木桶水平放在地上，木桶的盛水量是由最短的那块木板来决定的，这就是“短板效应”，说明如果我们想提升自己，应该弥补自己的不足。但如果我们侧着木桶来盛水，木桶的盛水量则是由最长的那块木板决定的，这就是“长板效应”，说明我们应该强化自己的优势。

课后…
街舞 书法 国学
武术 合唱 口才表达
机器人

看到这儿，是不是有点迷惑了呢？没错！其实，这两者都有各自的道理。所以，当短板妨碍均衡发展时，我们需要弥补短板；但最终还是要集中力量让长板越来越长。

THINKING 头脑风暴

你知道答案吗?

生活中，左撇子的基因是隐性基因，用 a 表示；右撇子的基因是显性基因，用 A 表示。那么这对基因都是 Aa 的右撇子父母，他们的小宝宝可能会有哪几种基因呢？

Hi~
A
A
(　　)
(　　)
(　　)
(　　)

我的专属时刻

从团团的心理世界走出来，
我们来关注一下自己的情绪吧！

想一想，最近一段时间，有没有让你感到快乐、生气、悲伤或恐惧的事情？当时你的感受具体是怎样的？那件事情为什么会让你产生这样的情绪呢？

当你感到快乐、生气、悲伤或恐惧时，你做了什么？你的做法让你的情绪变好了还是变差了？

现在，如果那件事情重新发生，你会如何对待自己的情绪，你的做法会有什么变化吗？

如果让你分别对自己心中的快乐、生气、悲伤和恐惧的情绪说句话，你会对它们说什么？

除了这几种情绪，你还感受到过哪些不同的情绪？有没有哪种情绪在你的生活中占据了主导？

如果你的好朋友最近的情绪状态很糟糕，你会怎么做？你打算跟他 / 她说些什么？

名词索引

头脑风暴答案

P28 迷宫游戏答案

1.Aa
2.AA
3.aa
4.Aa

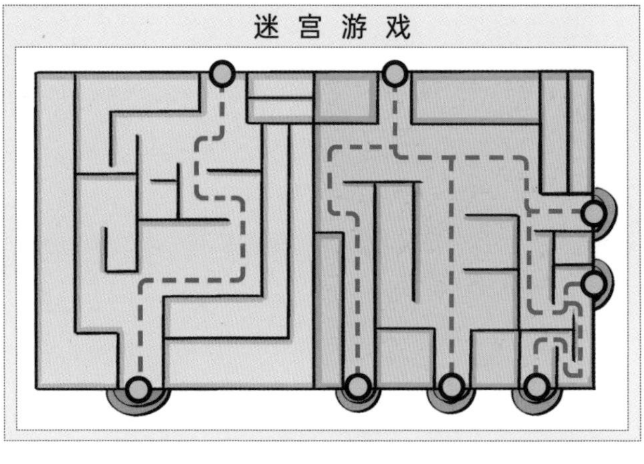
迷 宫 游 戏

致谢

《课后半小时 中国儿童核心素养培养计划》是一套由北京理工大学出版社童书中心课后半小时编辑组编著，全面对标中国学生发展核心素养要求的系列科普丛书，这套丛书的出版离不开内容创作者的支持，感谢米莱知识宇宙的授权。

本册《认识自己 了解真正的自我》内容汇编自以下出版作品：

[1]《欢迎来到我的世界：认识我自己》，电子工业出版社，2022 年出版。

[2]《欢迎来到我的世界：情绪来帮忙》，电子工业出版社，2022 年出版。

[3]《这就是生物：生命从细胞开始》，北京理工大学出版社，2022 年出版。

[4]《这就是生物：破解基因的密码》，北京理工大学出版社，2022 年出版。

[5]《这就是生物：生命延续的故事》，北京理工大学出版社，2022 年出版。

[6]《进阶的巨人》，电子工业出版社，2019 年出版。

[7]《我们为什么着迷运动》，新华出版社、北京理工大学出版社，2022 年出版。

图书在版编目（CIP）数据

认识自己：了解真正的自我 / 课后半小时编辑组编著. -- 北京：北京理工大学出版社, 2023.8（2024.1 重印）
ISBN 978-7-5763-1939-2

Ⅰ. ①认… Ⅱ. ①课… Ⅲ. ①自我评价—少儿读物
Ⅳ. ①B848-49

中国版本图书馆CIP数据核字(2022)第242186号

出版发行 / 北京理工大学出版社有限责任公司
社　　址 / 北京市丰台区四合庄路6号
邮　　编 / 100070
电　　话 /（010）82563891（童书出版中心）
网　　址 / http: //www. bitpress. com. cn
经　　销 / 全国各地新华书店
印　　刷 / 雅迪云印（天津）科技有限公司
开　　本 / 787毫米 × 1092毫米　1 / 16
印　　张 / 2.75
字　　数 / 75千字
版　　次 / 2023年8月第1版　2024年1月第2次印刷
审 图 号 / GS京（2023）1317号
定　　价 / 30.00元

责任编辑 / 封　雪
文案编辑 / 封　雪
责任校对 / 刘亚男
责任印制 / 王美丽